JN202436

くり返し読みたい
孫子

監修　渡邉義浩（早稲田大学文学学術院教授）
画　臼井治

はじめに

『孫子』は、中国の最も古い兵法書です。兵法書とは、戦争における陣の取り方や兵の動かし方など、実践的な戦術について説いた文章と考えられています。そんな書物が、現在に至るまで古今東西の多くの人々に親しまれてきたのは、一体なぜなのでしょうか。

それは、兵法書から戦うことにとどまらない、深い理念を学び取ることができるからなのです。「戦うべきか否か」という根源的な問いかけから始まる『孫子』は、国と国の戦争に限らず、人の世になくなることのない大小さまざまな争いごとや悩みごとにも、当てはめて考えることができるのです。

美しい日本画とともに、孫子が活躍していた頃に思いを馳せながら、力強く生きるための心得を学んでみませんか。

目次

第二章　手はずを整え、勝機を掴む

第三章　自らをたのみ、主導権を握る

第四章　観察を重ね、関係を作る

第五章　目的を見据え、行動する

第一章

本質を捉え、最善を考える

戦う前に、まず判断せよ

兵とは国の大事なり、死生の地、存亡の道、察せざるべからざるなり
兵者國之大事、死生之地、存亡之道、不可不察也（計篇）

戦争は国民や国家の存亡に関わる重要なことであり、その是非をよくよく考えなければなりません。その判断材料として、孫子は人々の気持ちの連帯や将校の人材、軍の組織、地形や天候などの良し悪しを挙げています。

日常生活でも、喧嘩や対立などは予期せず起こってしまうものです。この争いは本当にするべきなのか。かっとなってしまいそうなときこそ一呼吸置いて、「こちらの態勢に不備はないか」「タイミングは悪くないか」「自分の味方になってくれる人はいるか」などの視点をもとに、自分の状況と照らし合わせて考えてみましょう。

頼もしい存在を得る

将吾が計を聴くときは、これを用うれば必ず勝つ、これを留めん
將聽吾計、用之必勝、留之（計篇）

孫子は、自分の作戦を聞き入れてくれる将軍であれば、彼を起用することで勝利を掴めるので採用するだろう、と述べています。

これまでを振り返ってみると、多くの場面であなたを理解し、力になってくれた人がいたはずです。例えば、仕事で行き詰ったときにアイデアをくれた友人や、新たな計画を協力して成功させた仲間たち。そんな存在を改めて大切にすることで、この先に困難が生じたとしても、力を合わせて立ち向かうことができるのです。

正攻法から逸れてみる

兵とは詭道なり

兵者詭道也（計篇）

「戦いの要は詭道にある」と孫子は言います。「詭道」とは、正攻法ではない手段のことです。これをどう使うかが、勝負の分かれ目となります。

問題というのは複雑になればなるほど、正論や正攻法で解くことが難しくなります。孫子は自軍の様子をいつわり、相手を油断させ、その不意を突いて攻撃する方法を説いています。決して清廉な手段ではありませんが、自国を

守り勝利を得るためには必要なことであると言えましょう。日々の暮らしの中では、そこまでの手段を用いる必要はないものの、複数の人物や要因が絡まり、問題が解決しにくくなってしまうことも少なくありません。やっかいごとには真正面から突進するだけでなく、時には様子を見て変化球を投げてみることも一つの方法です。

情報に基づく予測を欠かすな

夫れ未だ戦わずして廟算して勝つ者は、算を得ること多ければなり

夫未戦而廟算勝者、得算多也（計篇）

古代中国では、戦いを始める前に「廟算」（先祖を祀った霊堂での作戦会議）を行いました。自軍と敵軍の勝率を計算するわけですが、孫子はこの廟算の合否により、おのずから勝敗が見えると述べています。

新しいことを始めるとき、先立って情報を集め、それをもとに起こるであろう事態を緻密に予測することがいかに大切であるかは、言わずと知れたことです。やみくもに実行に移そうとするのではなく、どのくらい実現可能であるかを現実に即してしっかりと見極めること。「廟算して勝つ」とき、あなたは目的の達成へと向かい大きく前進しているはずです。

準備を無駄にしない

其の戦いを用うや、久しければ則ち兵を鈍らせ鋭を挫く
其用戰也、久則鈍兵挫鋭（作戦篇）

いざ戦争を起こすとなると、一体どれほどの準備が必要だったのでしょうか。戦車や兵站用の荷車、防具に加え、車を引く牛馬、兵士の食糧など大変な支出になったことが想像できます。

戦争には相応の準備が必要であり、綿密な廟算に加えて時間と金銭、労力を投入しなくてはなりません。そして孫子は、いかに準備を万全にしたとしても、戦いが長引くと軍全体が疲弊し、兵の気勢がそがれてしまうと指摘しています。計画を実行する際は、せっかく整えた用意を無駄にしないように行動することが大切なのです。

解決を長引かせるな

兵は拙速なるを聞くも、未だ巧久なるを睹ざるなり

兵聞拙速、未睹巧久也（作戦篇）

必要な手段としてある程度の時間をかけるのではなく、時間が不本意に長引いてしまうというのは、物事が順調に進んでいない証拠です。例えば、初めての作業をするときに、思った以上に時間がかかってしまうのはよくあることです。そんなときはやり方を変えたり、よく知る人に聞いたりするなど、早めに気づいて工夫をしなければ、作業は遅れる一方です。

孫子は、戦いが長引いて良かったことはこれまでない、と言い切ります。問題解決に時間がかかればかかるほど、自分や自分を支えてくれている周囲の力は次第に弱くなってしまいますし、そんなときはさらなる面倒が起こってしまうものです。目的達成への過程が長引かないように、常に自分の進め方を省みることが肝要です。

相手の魅力を取り入れる

智将は務めて敵に食う
智將務食於敵（作戦篇）

食糧を過度に持たずに進軍し、敵地で相手の食糧を奪って自軍のものとする将軍は「智将」である、と孫子は述べています。

いかなる戦争でも、多大な費用の発生は避けられません。だからこそ、それを可能な限り減らすことが重要なのです。敵軍の資源を自軍のものにできれば、味方の消耗を抑えると同時に相手の消耗を大きくできるので、その後の

戦況に多大な影響を及ぼします。

普段の生活でも、自分の取る手段が効率的か、合理性に欠けていないか、その手段は最適と言えるのかを、熟慮することが大切です。そして、実行に移す際には、相手の持つ魅力的な要素をうまく取り入れ、活用することを意識しましょう。相手が手強ければ手強いほど、そこから学べるものがあるはずです。

勝利から糧を得る

敵に勝ちて強を益す
勝敵而益强（作戦篇）

大変な労力をつぎ込んで懸命に戦い勝利を獲得するだけでなく、その後のことにも孫子は目を向けています。殊勲のある者へ褒賞を与え、敵の戦車や捕虜などを得よ、と。勝利ののちの対処で軍の士気向上や兵力・装備の充実をはかり、さらに自軍を強化させることが必要なのです。

一見、当たり前のことのように感じられますが、これはとても重要です。昇進する、

試験に合格する、マラソン大会で完走するなど、人生における勝利はさまざまですが、そこには、必ず新たな成長の種が含まれています。それは人とのつながりであったり、思いがけない発見であったりするかもしれません。その種を大事に育て、自分の糧にして生きていくことは、その後の人生のさらなる充実につながることでしょう。

戦わずして勝つ

凡(およ)そ用兵の法は、国を全うするを上と為し、国を破るはこれに次ぐ
凡用兵之法、全國爲上、破國次之（謀攻篇）

孫子の語る、戦いの精髄とは何でしょうか。それは、敵国を傷つけずに降伏させることとです。血を流さずに投降させるのが上策であり、刃を交え制圧することを最上としていません。

例えば話し合いで、些細なことから口論になり、こじれてしまったという経験は誰しもあるでしょう。しかし、もとは互いの意見を確かめ、方向をまとめることが目的だったはずです。真の勝利は、傷つけ合いから得られるものではない。本来の目的を見失わないことが大事である。兵法書の中でありながら、孫子はそう説くのです。

戦うことが最善ではない

百戦百勝は、善の善なる者に非ざるなり
百戰百勝、非善之善者也（謀攻篇）

戦争においては必ず、双方に損害が生じます。たとえ勝ったとしても、自軍の損害を修復できないのであれば、戦力はすり減っていく一方です。また、相手に損害を与えた上で屈服させることとは、その国の人々に怒りや恨みを抱かせる原因にもなります。そのような戦いを続けていては「善の善なる者」と言えません。

誰かと衝突したときは、思い出してください。戦うことが最善ではない、と。相手に遺恨を抱かせないよう、直接に争わずに自分の主張を通す。長期的に見ても短期的に見ても、このやり方は有益なのです。

問題の根源を捉えよ

上兵は謀を伐つ
上兵伐謀（謀攻篇）

孫子は、戦い方の中で最も良いのは「謀＝はかりごと」、つまり水面下での計画やたくらみを、敵が実行に移す前に断つことだとしています。それが、「戦わずして相手に勝つ」手段です。

問題を解決しようとするとき、最善の方法はその根っこを取り除くことです。起こっている事象の表面だけを見るのではなく、その原因をさかのぼって突き止める必要があります。それを怠ってしまえば、表面上は問題が解決したように見えても、あとでさらにやっかいなことになるかもしれません。

準備の間は焦らない

将其の忿りに勝えずして、これに蟻附すれば、士卒の三分の一を殺して、而も城抜けざる

將不勝其忿、而蟻附之、殺士卒三分之一、而城不拔者（謀攻篇）

「謀を伐つ」に次ぐ策として、孫子は三つの策を挙げています。敵とその連合国との外交を断つこと、直接的な戦闘を行うこと、そして敵の城を攻めること。しかし、城を攻めることについてはやむを得ないときの手段だとして推奨していません。なぜなのでしょうか。攻城戦では、時間と手間を惜しまずに準備をする必要があります。準備が万全でないうちに将軍が焦って突撃

の命令を下してしまえば、多くの兵が命を落とし、かつ城を落とすこともできなくなってしまいます。

日常においても物事を中途半端な状態で進めてしまうと、目的を達成できない上に、自分にも多大な損害が発生する可能性があります。準備には、焦らずに腰を据えて取り組まなければなりません。

互いに支え合う関係を結ぶ

夫れ将は国の輔なり。
輔周なれば則ち国必ず強く、
輔隙あれば則ち国必ず弱し

夫將者國之輔也。輔周則國必强、
輔隙則國必弱（謀攻篇）

戦争において大きな役割を果たす将（将軍）は、国にとっての「輔」、つまり助け役と言える存在です。将が国（主君）と親密で、しっかりと連帯していればその国は強く、疎遠で心が離れていれば弱いということです。

国と将との関係は、夫婦や友人、仕事上の仲間など、ともに日常を生きる人との関係に置き換えることができます。私という国家を、周囲の

将たちに支えてもらう。一方で相手を、私が将として助けていく。このように自分と他者とが互いに支え合うためには、適切な距離感と深い信頼関係が欠かせません。相手を自分の管理下に置いて思いどおりにしようとしない、相手の得意な分野には立ち入り過ぎない、そして、無用な口出しをしない。これらのことに気をつけなさい、と孫子は述べています。

問題点の洗い出しをせよ

勝を知るに五あり
知勝有五（謀攻篇）

戦いにおいて勝利を確実にするための、五つの要因を孫子は挙げていま す。戦いを起こすか否かの判断をすること、大軍や小隊を使い分けること、国を治める側と民衆との間で心を一つにさせること、準備の整った状態で油断している敵を突くこと、将軍が有能であり、かつ主君がむやみに干渉をしないこと、です。

争いごとはできれば避けて日々を送りたいものですが、どうしても避けて通れないときもあります。そんなときはこの五つの要因を状況に当てはめて考えてみると、解決の糸口が見えてくるかもしれません。

相手と自分を深く理解する

彼れを知り己(おの)れを知れば、百戦して殆(あや)うからず
知彼知己、百戰不殆（謀攻篇）

相手と自分を深く理解していることが、戦いに勝つための要であると孫子は言います。まず、対立する敵や、敵を取り巻く状況を知り、情報を得ること。そして同様に、自分自身の状況もしっかりと把握すること。その上で、勝つための要因を見定めなければなりません。

自国の利にならないのであれば戦うべきではないという孫子の考えは、裏を返せば、戦うと決めた以上は絶対に勝って利を得るという考えでもあります。その判断のもととなる洞察力を深めていくことで、日常生活における衝突を回避することができるのです。

『孫子』の作者は？

『孫子』は今からおよそ二五〇〇年前、中国の春秋時代に呉の国王に仕えた孫武（そんぶ）という人物が記したと言われています。しかし、実のところ作者が誰であるかは長い間決着がつきませんでした。むしろ以前は、孫武の子孫とされる戦国時代の斉国の軍人・孫臏（そんぴん）であるという説が有力だったのです。

　説が変わるきっかけとなったのは、一九七二年に中国山東省で発掘された、前漢時代の大量の竹簡（紙の代わりに竹を細長く切ってつなげ文字を書いたもの）でした。

そこには、現状の『孫子』と内容が重なる竹簡のほかに、孫臏が記した『孫臏兵法』なるものも含まれていたのです。これにより、呉国の孫武が作者であることが決定的になったのでした。

　とはいえ、現存している『孫子』は、後世の人々によって多くの加筆修正がなされたものです。出土した竹簡を除けば、三国志でおなじみの魏国の曹操（そうそう）が整理し注釈したものが、いま私たちが手に取ることのできる最も古い『孫子』なのです。

第二章
手はずを整え、勝機を掴む

全力を尽くす

昔の善く戦う者は、先ず勝つべからざるを為して、以て敵の勝つべきを待つ
昔之善戰者、先爲不可勝、以待敵之可勝（形篇）

勝利を獲得するためには、まずは自軍の態勢を万全にしたのち、敵方の態勢が崩れて勝ちやすい状態になるときを待つべきであると孫子は述べています。自軍と敵軍の状態の差が最も大きい瞬間を捉えることは、勝利の確実性を高めることにほかなりません。

しかしながら、相手が崩れるかどうかというのは、相手次第によるところが大きいもの。どんなに戦に長けている将軍でも、勝利を信じることはできても、実際に勝利できるとは限りません。だからこそ、全力を尽くすことが、目的達成に少しでも近づく方法なのです。

入念な準備は大きな力になる

善く守る者は、九地の下に蔵れ、
善く攻むる者は、九天の上に動く

善守者、蔵於九地之下、
善攻者、動於九天之上（形篇）

自軍の態勢を十分なものにするには、相手が自軍と対峙したときに、「これでは勝てない」と相手が思うような守備の準備と、いざ戦闘開始となった瞬間に「これなら勝てる」と自分たちが自信を持てるような攻撃の準備が必要です。十分に守備と攻撃の準備を整えた軍は、深い地の底に隠れているかのようでもあるし、空高い天上で動いているかのようでもある、と孫子は

表現しています。
　例えば、仕事で新たな提案を通すときのことを考えてみましょう。下調べを行い、想定される質問や反論に備え、周囲が納得するような根拠を用意する。その結果、会議で自分の案が受け入れられ、「我が意を得たり」と思った経験は、これまでもあったのではないでしょうか。用意周到であることこそが、良い結果を得るための力となるのです。

何気ない部分を見過ごさない

勝を見ること衆人の知る所に過ぎざるは、善なる者に非ざるなり
見勝不過衆人之所知、非善者也（形篇）

一般の民衆にもわかる程度の勝機を読み取るだけでは、戦いに優れているとは言えません。一見、取るに足らないものが実は重要だった、ということは往々にしてあるのです。

多くの人が見過ごすような部分に勝機を見いだせる人物が、孫子の言う「善く戦う者」です。善く戦う者は、誰もが気づかないところで勝機に気づき、勝つがゆえに、目立つことがありません。真に優れた人が目立たないためにもてはやされないというのは何だか少し悲しくなりますが、その功績を評価する明察な人物が、必ず現れるはずです。

小さな契機を掴み取る

善く戦う者は、不敗の地に立ち、而して敵の敗を失わざるなり
善戰者、立於不敗之地、而不失敵之敗也（形篇）

他者が軽視するものに着目し、価値を見いだす。この能力は、相手の態勢が崩れるのを待つときに非常に強く発揮されます。崩れるのを待つと言っても、何も考えずただ待っているだけでは勝利することはできません。敵軍の様子を注意深く観察し、こちらの有利になる要素がないかを探す必要があります。そのときに、大多数が見逃してしまうような、相手の小さなほころびに気づくことができれば、大いに勝利へと近づきます。

戦いに際し準備に万全を期した上で、かすかな契機を掴むこと。それが、ここ一番の勝負をきっちりと決めることのできる人の資質なのです。

「はかる」ことを怠るな

兵法は、一に曰く度（たく）、二に曰く量、三に曰く数、四に曰く称、五に曰く勝

兵法、一曰度、二曰量、三曰數、四曰稱、五曰勝（形篇）

孫子は、戦いをする上で「はかる」ことの重要性を述べています。地形の広さや距離をはかり、それをもとに必要な物的・人的数量を割り出し、自分と相手の能力差を比べ、その上で作戦を立てる、ということです。

情報を集め、計算し、比較し、計画を立てて実行する。この手順は、例えば人生において、多くの場面でなされてきていることです。特に、仕事の進退や高額なものの購入など、その後の生活に重大な影響を及ぼす場面で、入念に行った経験はありませんか。今から二五〇〇年も前に、孫子は決定までの適切なプロセスを分析し、兵法に活かしていたのです。

正念場に持てる力を集めよ

勝者の民を戦わしむるや、積水を千仞(せんじん)の谿(たに)に決するが若(ごと)き者は、形なり
勝者之戰民也、若決積水於千仞之谿者、形也（形篇）

「背水の陣」「天王山」など、重要な局面を指す表現には、戦いに由来するものが多くあります。戦争とは自らが属する集団の存亡、そして自分自身の生死に関わることですから、もっともなことです。

せき止めて溜まりに溜まった大量の水を決壊させ、深く険しい谷底に一気にほとばしらせるように、軍隊を動かす。入念な準備と、ここが正念場であるという正確な判断があるからこそ、その勢いが勝利につながるのです。私たちもここぞというときは、持てる力を惜しむことなく、最大限に注ぎ込みたいものです。

場の「勢い」を醸成する

三軍の衆、畢く敵に受えて敗なからしむべき者は、奇正是れなり

三軍之衆、可使畢受敵而無敗者、奇正是也（勢篇）

綿密に準備をし、計画を立てる。そして契機を捉え、開戦を決断する。では、実際に戦いが始まったあとはどうすべきなのでしょうか。孫子は、兵力差などの状況を超えて戦況を左右し得る「勢い」は偶然生まれるのではなく、具体的な条件を満たせば自らの力で生み出すことができると説いています。

前提としてあるのは、まず自軍の編制や指令の構造が

しっかりとしていること。その上で、「正」つまり定石どおりの一般的なやり方と、「奇」つまり相手の動きに即して変化するやり方を適切に併用すること。そして、準備が十分に整い、一つにまとまった軍でもって、敵軍の隙のある部分を狙って突くこと。これらの条件が揃ったときに、大きな「勢い」が生まれてくるのです。

定石と奇手をともに用いる

凡そ戦う者は、正を以て合い、奇を以て勝つ
凡戰者、以正合、以奇勝（勢篇）

基本的な手法と臨機応変な手法を組み合わせて用いる「奇正」の考え方は、日々の生活においても応用することができます。

例えば、人と新たに関係を築くときは、最初はあまり深く立ち入らず接するものですが、相手の反応を見ながら時には胸襟を開いて話すことで打ちとける。また、仕事で後輩が小さな失敗をしたときには、注意するだけで終わらずに気持ちが和らぐような言葉を添える。うまく「奇」を使うことのできる人は、物事をうまく進めることができるのです。

「奇正」を使いこなす

奇正の環りて相い生ずることは、環の端なきが如し
奇正環相生、如環之無端（勢篇）

「奇正」は、それぞれを分けて行っては意味がありません。相手に見破られないように常に混ぜて使用することで、その効果が発揮されるのです。孫子は両者の混ざり合いを、まるで始点も終点もない、円を描いた宝玉のようである、と表現しています。

奇正を使いこなすには、心身ともにしなやかである必要があります。不安や緊張で気持ちや身体が硬直していると、奇をうまく繰り出すことはできません。自由に奇正のバランスを考え実行することができれば、物事をより円滑に進めることができるでしょう。

最大限の力を出す

善く戦う者は、其の勢は険にして、其の節は短なり
善戰者、其勢險、其節短（勢篇）

戦いに長けている人物の勢いは、まるで石弓を引きしぼるように険しく激しいものであり、一気に勝負をかける瞬間は、まるで縄を切って石を放つように強く鋭いものである、と孫子は述べています。

現代においても、スポーツ選手は自分の状態が最大限になるように、大会に合わせて綿密な調整を行います。ピークをどこに持っていくかという長期的な視点、そして溜めた力を試合で一気に放出する瞬間的な判断が大事なのです。訓練なしに感覚や思い込みで力を発散させても、本来の自分の力を十分に発揮することはできないのです。

状況は常に移ろう

乱は治に生じ、怯（きょう）は勇に生じ、弱は強に生ず

亂生於治、怯生於勇、弱生於彊（勢篇）

整った状態から混乱が生まれ、勇敢な状態から怯えが生まれ、強固な状態から弱々しさが生まれる。この孫子の言葉は、少し不思議な感じがしますね。例えば、事がうまく運んでいると思っていたのに、うっかり見逃していた小さなトラブルが大きくなって暗礁に乗り上げてしまった、などということはありませんか。仮に今が良い状況であっても、漫然として調整を怠っ

ていると、気がつけば悪い状況になってしまうこともあります。

太陽が沈むと気温が下がり、草花には今までなかった夜露が現れます。状況は、わずかなことに影響を受けて刻一刻と変化するものです。簡単に左右されないよう冷静に判断し、できる限りの不安や危険の芽を減らしていかなければなりません。

相手を納得させる

これに形すれば、敵必ずこれに従い、これに予(あた)うれば、敵必ずこれを取る
形之、敵必従之、予之、敵必取之（勢篇）

わずかな変化で状況が左右されるのは、相手にとっても同じことです。孫子はそれを逆手に取り、利益となるものを散らつかせて相手を誘い出す策を示しています。相手をだます手法のように思われますが、実は日常のさまざまな場面においても使われているのです。

相手に何かしてほしいときは、まず相手にとってのメリットを提示してみましょう。すると、相手は興味を持ち、こちらの要望に対してもいくらか心を向けてくれるかもしれません。自分の目的を達成するためには、相手に納得してもらうことが近道なのです。

他者の性質を考慮する

勢に任ずる者は、其の人を戦わしむるや、木石を転ずるが如し
任勢者、其戰人也、如轉木石（勢篇）

その場の「勢い」というのは、時に個々の力の集合を超えた流れを生み、大きな動きになります。戦争はもちろん歴史上のさまざまな革命などでも、それが単なる状況の推移によって起こったのではないことがわかります。

では、「勢い」を意識的に作り出すにはどうしたらよいのでしょうか。そのためには、個々人の持つ性質を見極め、それを活かすことのできる場

所に割り当てることである、と孫子は説いています。
　例えば、仲間と一緒に山登りに行くとしましょう。ある人は、場を和やかにしてくれるけれど前に進みたがる性格なので、真ん中に。ある人は、知識が豊富で気配りもできるから、先頭に。それぞれの性質を活かした順番にすることで、確実に頂上に到達できるのです。

『孫子』の特徴

『孫子』には、いくつかの特徴があります。まず、戦い自体が目的ではないという視点です。国の利益にならなければ戦いを止めるべきであるという考えが、随所に見られます。兵法書でありながら好戦的でないというのは、『孫子』における最も特徴的な部分です。

次に、徹底して現実に即した考え方であることです。情報や地形、兵力などの客観的事実に基づいた判断を行うべきであると、くり返し述べられています。戦争は、一度の失敗が国の存亡に関わるもの。それだけに、一つひとつの判断を下す根拠が確かなものでなければならないのです。

また、敵の変化に応じて攻撃する、主導権を握るなど、動きや変化を重んじる部分も特徴の一つです。相手に動かされるのではなく、自ら動いて勝利のきっかけを作るべきであると説いています。

小国がせめぎ合う戦乱の世は、多くの思想家が生まれた「諸子百家（しょしひゃっか）」の時代でもありました。『孫子』の特徴には、そうした当時の背景も垣間見えるのです。

第三章
自らをたのみ、主導権を握る

相手に左右されない

善く戦う者は、人を致して人に致されず
善戦者、致人而不致於人（虚実篇）

孫子は、戦いにおける重要な要素の一つとして、主導権を握ることを挙げています。まず、敵よりも先に戦いが行われる場所にたどり着くこと。先に着くことができれば当然ながら、守備や攻撃の準備をしっかりと整えて、敵を待ち受けることができます。

同時に、相手に左右されないことも重要です。例えば仕事においても、取引先や上司などの意見を受け入れているばかりでは、自分の仕事がまとまりません。達成すべき目標を明確にし、それを軸にして自分で判断することで、良い方向に進めることができるのです。

行動の原因をたどる

能く敵人をして自ら至らしむる者は、これを利すればなり

能使敵人自至者、利之也

（虚実篇）

相手が利益だと感じることを示せば、敵をこちらの望む場所に誘い出すことができる、と孫子は述べています。

例えば、家族や友人など親しい人との関係において、相手の行動に腹が立ってしまうことは、誰しも経験があると思います。しかし、ただ相手にいらだちをぶつけるだけでは、状況は良くなりません。

自分が誰かに対して「こうしてほしい」と思うときは、

自分がどのように振る舞えば相手がこちらの気持ちに沿って行動するのかを考えてみるといいかもしれません。「自分の意見が退けられたのは、相手にとって無理があったからだ。少し譲歩して提案しよう」など、相手の行動の理由は何かを考え、それを解消するために自分ができることを探してみましょう。相手の行いは、自らの働きかけによって変えることができるのです。

相手の弱み・自分の強みを掴む

攻めて必ず取る者は、其の守らざる所を攻むればなり

攻而必取者、攻其所不守也（虚実篇）

敵がしっかりと守っていない場所を攻めるからこそ、勝つことができる。また、容易に敵が攻められない場所だからこそ、固く守ることができる、と孫子は述べています。これは、相手の弱みを見極めること、自分の強みを作ることと言い換えることができます。

例えば仕事においても、自社で新しい商品を作るときに、ライバル会社の不得意な分野や未開拓の市場を狙うことがあります。また、他社に真似されにくい商品を作ることも重要です。相手の弱みを知り、自分の強みを活かすことが、確実な結果へとつながるのです。

手の内を明かさない

人を形せしめて我れに形無ければ、則ち我れは専まりて敵は分かる

形人而我無形、則我専而敵分

（虚実篇）

戦いにおいては、自軍の様子を敵に悟らせないようにすることも重要です。どこを攻めてくるのかが掴めなければ、敵は動揺して守備の兵力をあちらこちらに細かく分けて配置したくなるものです。

普段の生活においても、例えば相手が無表情で黙っていると、どのような心情なのかわからず不安になるように、相手から自分の心情がわからなければ、相手は気になって

こちらの様子を伺うようになります。そのような状態になれば主導権を握ることができるため、物事を有利に進めることができるわけです。
　誰かと交渉するときには、始めは手の内をはっきりと明かさないことも方法の一つです。相手がこちらの思惑を掴めずに戸惑っているのであれば、その状況を利用して、自分のペースで交渉を有利に進めることができます。

選択と集中を誤るな

戦いの地を知り、戦いの日を知れば、則ち千里にして会戦すべし
知戰之地、知戰之日、則可千里而會戰（虚実篇）

戦いに勝つために、「いつ、どこを攻めるか」「必ず守らなければならない部分はどこか」など、攻守の対象をはっきりさせ、それぞれの場所にどれほどの兵力を投入すべきかを判断しなければなりません。そして、これぞ好機と捉えたら、たとえ千里も遠く離れたところへでも駆けつけるべきである、と孫子は述べています。

同様に、複数の人間をまとめる立場では、時機を適切に判断し、目標に向けてチームの力を集中させる能力が求められます。自分たちの向かうべき場所や時を全員が把握することで、一致団結して動けるのです。

直接の関わりから態勢を読む

これに角(ふ)れて有余不足の処を知る
角之而知有餘不足之處（虚実篇）

大一番と言うべき大きな戦いの前に、敵軍の態勢を知るためにはどうしたらよいでしょうか。孫子は、敵の軍隊を軽く刺激して攻勢・守勢の様子を見ること、また小競り合いをして相手の優勢な部分、手薄な部分はどこかを探るべきであると述べています。

生きた情報は、相手と直に接することでしか得られません。仕事においても多少の探りを入れて相手を観察し、相手の態度に即して作戦を立てることが必要です。実際の情報を得ること、それが確実な勝利へとつながるのです。

水のごとく変化し続ける

夫れ兵の形は水に象る
夫兵形象水（虚実篇）

孫子は、兵の動きを水の流れに例えています。水は形がなく、高いところから低いところへ、あるいは地形に沿って流れます。同様に、兵も形を作らず、敵軍の状態や時機を見て臨機応変に攻撃することが、勝利を得るカギになると言うのです。

例えば旅行をしているときは、宿泊の予約が思っていた内容と違っていたり、交通機関に遅れが出たりするなど、

思わぬアクシデントがつきものです。しかし、そこで事前の計画にこだわっていると、行きたい場所にもたどり着けず、楽しく旅行を続けることができません。

周囲の状況が変化したと感じたときは、いったん立ち止まって現状を整理してみましょう。そして時には変化に合わせ、自分のやり方や進む方向を見直すことで、新たな道が拓けるのです。

現状を好転させる

軍争の難きは、迂を以て直と為し、患を以て利と為す
軍爭之難者、以迂爲直、以患爲利（軍争篇）

孫子は、「迂直の計」という作戦について述べています。「迂（回り道）でもって直（近道）となす」、つまり目的へと向かう過程において、一見遠回りに見えるが実は有効な手段を取ることです。例えば、平日は車で行くほうが早いが、休日になると渋滞がひどくなる場所に出かける場合は電車にするなど、より有効な手段の選択が、目的達成への近道なのです。

また、孫子は、身に起こった災難をうまく利用し、有益なものに変える、という考え方についても述べています。

自分の進む方向に障害があるときは、それをただ嘆くのではなく、ほかに有効な道はないか探す。また、逆にその障害をうまく活用することはできないだろうかと考えてみる。どちらも、不利な現状を好転させることができる考え方です。

風林火山の動き

其の疾きこと風の如く、其の徐なること林の如く、
侵掠すること火の如く、動かざること山の如し
其疾如風、其徐如林、侵掠如火、不動如山（軍争篇）

孫子は、勝利を導く軍隊の動きを、自然の事象に例えています。進軍の速さを風に、待機の静けさを林に、制圧するときの激しさを火に、堅固な落ち着きを山に例えたこの言葉は、日本の戦国時代の武将、武田信玄の旗印として有名です。

軍隊には、移動や待機、総攻撃、待ち伏せなど、実に多様な行動が求められますが、それぞれの行動に熟達していることが優秀な証です。全体的な戦略を考えるだけでなく、細かな技術を磨くことも大切なのです。

明確な目標を共有する

人既に専一なれば、則ち勇者も独り進むことを得ず、怯者も独り退くことを得ず

人既專一、則勇者不得獨進、怯者不得獨退（軍争篇）

軍全体の動きを揃えるためには、鐘や太鼓、旗などを使用して、動くタイミングや方向などを全員に知らしめる必要がある、と孫子は言います。日常においても、仕事や家庭、スポーツなどさまざまな状況で他者と心を合わせて一つのことに取り組む場面があります。そのためには、目標が重要です。具体的ではっきりとした目標を共有することで、おのおのが取る行動は自然とそれに従ったものになります。いたずらに勇み足をしたり、あるいは及び腰になったりすることもないのです。

状況に即して行動せよ

善く兵を用うる者は、其の鋭気を避け、其の惰帰を撃つ
善用兵者、避其鋭氣、撃其惰歸（軍争篇）

戦いの最中の兵士の気力は、朝は鋭くとも夜になるにつれ次第に落ちてくるものなので、孫子は、相手の気力が弱まったときを狙って攻撃を行うべきであるとしています。

自分と相手の様子を把握した上でこちらの分が悪いと判断するのであれば、下手に動いてはなりません。こちらの状態をよく整え、しかるべき時機を待つべきです。そして状況の変化によって、一気に攻勢をかけるか、もしくは作戦そのものを止めるか、判断する必要があります。常に現状に即して自分がなすべきことを考え、行動することを心得ておきましょう。

『孫子』と武田信玄

『孫子』は、奈良時代に日本に入ってきて以来、多くの学者や武人に読まれてきました。中でも愛読者として有名なのは、甲斐の戦国武将、武田信玄です。信玄は、若い頃から『孫子』だけでなく『論語』『孟子』『易経』など多くの中国古典を学び、自国を治める際の参考にしています。戦いにおいては、全面衝突を避ける、敵の不意を突く、情報収集を重要視する、などの要素を『孫子』から取り入れていることが伺えます。

一方で、武田家の軍学書『甲陽軍鑑』によると、兵の配置や陣構え、城構えといった具体的な事柄に関しては、日本の地形に当てはめた場合、あまり参考にならないと考えていたようです。兵法そのものよりは、戦いの姿勢や政治を行う上での哲学として吸収し、活かしていたのでしょう。信玄が戦いのときに掲げる旗には、『孫子』に裏打ちされた信玄の理念が表れているのです。ちなみに、この旗が「風林火山の旗」と省略して言われるようになったのは、実は昭和に入ってからのことです。

第四章
観察を重ね、関係を作る

余地を残しておく

囲師には必ず闕き、窮寇には迫ること勿かれ

圍師必闕、窮寇勿迫（九変篇）

孫子は、「取り囲んだ敵には必ず逃げ道を開けておき、ひどく追い詰められている敵にはそれ以上攻め立ててはならない」と述べています。勝利を確実にする絶好の機会のように思われますが、なぜでしょうか。それは、「窮鼠猫を噛む」という言葉があるとおり、進退窮まった敵は一心不乱に攻撃をしかけ、こちらが思わぬ傷を被ることがあるためです。そうならないよう、

敵が逃げるためのわずかな余地をあえて残しておくべきである、と孫子は説いているのです。

同様に、私たちも誰かと口論になってしまったときは、相手を必要以上に追い詰めず、その争いを収めることを念頭に置きましょう。収め方次第では、思わぬ事態を引き起こしてしまうことがあるかもしれません。

責任を持って意志を通す

君命も受けざる所あり
君命有所不受（九変篇）

孫子は、たとえ主君の下した命令であっても受けてはならないときがある、と述べています。主君といえども、戦いにおいては将軍にかないません。将軍が実際に戦いを行う際に、自身の判断にそぐわない命令を受けているのでは、勝利が遠のいてしまいます。

日常においても、人の意見をそのまま聞き入れるのではなく、自分なりの考えに照らして判断しましょう。ただし、周囲の意見を退けて自分の意志を通す以上は、当然責任がともないます。それをするだけの明確な根拠や気持ちの強さが自分にあるのか、よく考えて決めなくてはなりません。

利と害、両方の側面を捉える

智者の慮(りょ)は、必ず利害に雜(まじ)う

智者之慮、必雜於利害（九変篇）

物事の良い面と悪い面を把握することは重要です。例えば、新たに投資を検討する際でも、利益だけにつられるとリスクを見落としますし、反対に損失のことばかりを考えていては利益を得ることができません。

孫子は、「知恵のある者は、利と害とを混ぜ合わせて考える」と言います。つまり、利益の中に損害となり得る要素が含まれていないか、また、

損害の中に利益となり得る要素が含まれていないか考えるべきである、ということなのです。

物事が順調に進んでいても楽観せず、あるいは問題が発生して滞っていても悲観せず、落ち着いて判断しましょう。現時点で考えられる利害を客観的な視点で見積もり、対策を立てることができれば、その後の困難はぐっと少なくなるはずです。

一方的な意見に注意せよ

諸侯を屈する者は害を以てし、諸侯を役する者は業を以てし、
諸侯を趨らす者は利を以てす
屈諸侯者以害、役諸侯者以業、趨諸侯者以利（九変篇）

敵の動きを止めたい場合は、彼らにとって障害になるものを用意する。敵を動かしたい場合は、彼らが魅力的だと思うことを提示する。これは、利害を両面から考えることを応用した、敵の動きを操る方法です。

例えば、あなたに何か商品を勧めてくる人が、その商品の長所だけを強調する場合は要注意です。相手は、あなたに商品を買ってもらいたいがために、良い部分しかアピールしていないのかもしれません。そうした甘言に惑わされないよう、冷静に物事を捉えるよう心がけましょう。

希望的観測を持たない

其の来たらざるを恃むこと無く、吾れの以て待つ有ることを恃むなり

無恃其不來、恃吾有以待也（九変篇）

戦いにおいて、「敵は攻めてこないだろう」といった希望的観測を持つことは危険です。敵の出方を楽観的に捉えているようでは、冷静に戦況を分析しているとは言えません。むしろ、敵がいつどのような形で来てもいいように、主体的に準備を行うべきである、と孫子は言います。

私たちも、相手に対して希望的観測を持つと、自分の予定や行動に支障をきたすことがあります。相手がどう動くかに左右されないように、自らの頭できちんと考えたことに基づき、率先して行動することが何より大切なのです。

長所の均衡を保つ

軍を覆し将を殺すは、必ず五危を以てす
覆軍殺將、必以五危（九変篇）

戦場において一心不乱に戦えるということは長所と言えますが、必死になり過ぎて冷静さを失ってはなりません。また、将軍が兵士を大切に思うことができるのも長所ですが、それが過度になり、情に流されては元も子もありません。良しとされる気質も、度を越すと戦いに敗れる元凶となってしまうのです。

自分の長所を把握し、伸ばそうと努力することは、自らの成長につながります。しかし、長所が行き過ぎて短所となってしまわないように、バランスを保つことも重要なのです。

身を置く環境を吟味する

凡（およ）そ軍は高きを好みて下（ひく）きを悪（にく）み、
陽を貴びて陰を賤（いや）しみ、生を養いて実に処（お）る
凡軍好高而惡下、貴陽而賤陰、養生而處實（行軍篇）

戦争において、軍隊がどこを陣地とするかで戦況が変わるように、周囲の環境は自身の状況に大きな影響を与えます。

つまり、あなたが身を置く場所も、あなたの今後の人生に深く関わってくるのです。例えば、日々を過ごす場所が、自分にとって心地よい空間であるか。前向きな気持ちにさせてくれる友人に囲まれているか。自分のやりたいことを、思い切りやれているか。そして、それを支えてくれる人がそばにいるか。一度、改めて振り返ってみてはいかがでしょうか。

眼前の現象から因果関係を掴む

敵近くして静かなる者は、其の険を恃むなり

敵近而靜者、恃其險也（行軍篇）

目の前で起こっている現象には、必ず何らかの原因が存在します。その因果関係を掴むことの重要性を、孫子は戦いに関する例を挙げて述べています。例えば、敵がこちらのすぐそばにいながら落ち着いた様子であるのは、彼らの陣取っている場所が険しく近づきがたいとわかっているからである。草がたくさんかぶせてあるのは、偽の罠があるからである。鳥が急に飛び立

つのは、そこに伏兵が潜んでいるからである、などです。

身近な例で言うと、株式投資において株価変動の要因となる情報は、企業の直接的な情報以外にも、経済指標や原油価格、国内外の政治経済など多岐に渡ります。目の前の情報から今後の状況を推察する力を身につけることで、より有利に行動することができるのです。

意図的か否か、真意を読む

汲みて先ず飲む者は、渇するなり
汲而先飲者、渇也（行軍篇）

相手の言動をしっかりと観察し、その真意が何かを推し量ることも、重要な意味を持ちます。敵軍の様子について孫子は、へり下った態度を見せながら守備を強化させているのは、実は攻め込もうとしているからである、と述べています。また、水汲みの兵が、汲んだときにいち早く自分で飲んでしまうのは、その部隊が水に飢えているからである、とも述べています。

普段の仕事においても、例えばチームメンバーの作業が進んでいないとき、これ以上作業を頼まれたくないためにわざとゆっくり行っているのか、それとも疲れて集中できていないのか、その判断によってこちらが取るべき行動も変わってきます。

相手がそれを意図して行っているのかどうかを、よく見極めることが大切なのです。

他者との関係を構築する

卒未だ親附せざるに而もこれを罰すれば、則ち服せず

卒未親附而罰之、則不服（行軍篇）

将軍と兵が親しくなる前に将軍が罰すると、兵は不満に思います。また、互いに親しく打ちとけたあとになっても将軍が兵を罰しないのであれば、兵は将軍を軽んじます。どちらの場合も、兵は将軍に従いません。

他者との関係を構築するには親しさと厳しさの両方が必要で、なおかつそれらを行う順序が大事である、と孫子は述べています。まずは相手と仲良くなり、距離を縮める。その上で、相手があやまちを犯したときは、毅然として対応する。夫婦、親子、上司と部下など、他者との関係はさまざまですが、この順序を守ることが基本であることに変わりはありません。

時には「しない」という選択を

地形には、通ずる者あり、挂(さまた)ぐる者あり、支える者あり、隘(せま)き者あり、険しき者あり、遠き者あり

地形、有通者、有挂者、有支者、有隘者、有険者、有遠者（地形篇）

戦争では、地形によって取るべき戦術が変わります。険しい地形では、もし自軍が先にそこを占拠できるのであれば是非そうすべきであるが、敵が先に占拠していたなら撤退すべきである。また、互いの軍隊が離れている地形では、こちらから出て行くのは不利である、と孫子は述べています。

普段の生活でも、不利な状況であればそれを回避、改善してから取りかかりましょう。そして、その状況を変えられないと判断したら、思い切って戦わないという選択をするのも一つです。

周囲の人々との接し方を見つめ直す

卒の強くして吏の弱きは曰ち弛むなり

卒強吏弱曰弛（地形篇）

例えば、軍付きの役人が兵士に対して力を持てない場合は、軍規を厳しくできないので兵士はゆるみます。逆に、役人が力を持ち、上から強く押しつけると、兵士の士気は落ち込みます。兵士と役人の関係を調整するのは将軍ですから、当然責が問われます。また、そもそも将軍自身が弱々しく、命令もはっきりしないとなると、兵士と役人の統率が取れず、ばらばらに

なってしまいます。

日常生活でも、相手の要求を呑むだけになっている、あるいは自分ばかりが求めているようなことはありませんか。物事がうまく運ばないときは、誤った接し方によることが多いものです。時には足を止め、周囲の大切な人々との接し方を見つめ直すことも大切です。

最善を考え行動する

戦いの道必ず勝たば、主は戦う無かれと曰うとも、必ず戦いて可なり
戰道必勝、主曰無戰、必戰可也（地形篇）

地形や軍隊の状況に鑑み、勝てると判断できるのならば、たとえ主君が反対しようとも戦うべきである、と孫子は言います。

誰かに反対されていることをあえて行うことで、一時的に相手の不興を買うかもしれません。しかし、それが本来の目的へ導くものであるならば、臆せずになすべきなのです。逆もまた然り、なすべきでないと判断したら、どう思われようともしない。周りの評価や保身を考えて行動するのではなく、自分たちにとっての最善を考え、その先に得られる成果を見据えて行動すれば、結果として強い信頼を得られるのです。

信頼関係を築くには

卒を視ること嬰児の如くす、
故にこれと深谿(しんけい)に赴くべし
視卒如嬰兒、故可與之赴深谿
（地形篇）

孫子は、将軍と兵士、主君と将軍、主君と国民など、立場の異なる者の間で気持ちを一つにすることの重要性を、言葉を変えて何度も説いています。例えば、将軍が兵士に対して、生まれたての赤子の世話をするように面倒を見る。そうすることで、兵士は将軍とともに、深い谷底のような困難な場所へも、ともに向かうことができる、と述べています。

立場は違っても普段から相手のことを考え、心をかけていれば、力を合わせて苦境に立ち向かうことができます。反対に、立場が上であるからといって、相手を押さえつけて命令ばかりしているようでは、尊敬もされず、たとえ問題が起きても協力してもらえないでしょう。立場を越えた思いやりを持って接することが、信頼関係を築くことにつながるのです。

己れを「知る」ことができているか

彼れを知りて己れを知れば、勝ち乃ち殆うからず
知彼知己、勝乃不殆（地形篇）

敵と味方、そして地形。これらの状況をよく捉えている将軍は、戦いにおいても窮地に陥ることがなく、確実に勝利を収めることができます。戦いを構成する要素について丹念に調べ、判断をすることで不安は次第に減るものですから、迷うことなく思い切った動きができるのです。

自分と自分の周りを「知る」ことは、実は敵について「知る」ことよりも難しいかもしれません。あなたが周りの人たちと互いに理解し合い、しっかりとした信頼関係を築くことができれば、この先も支え合いながら歩んでいくことができるでしょう。

孫武の言い伝え

　前漢の歴史書『史記』には、『孫子』の作者、孫武の言い伝えが残っています。兵法家の孫武は、呉国の王に『孫子兵法』を献上し、拝謁します。そこで王が、宮中の女性たちを兵隊に見立て、「この兵法を実践してみよ」と孫武に命じたのです。孫武は王の愛姫二人を隊長に任命し、女性たちにこう動きなさいと命令したのですが、いざ合図が出ても、みな笑って動こうとしません。孫武は「命令が行き渡っていないのは将軍（自分）の罪である」として、改めて命令をくり返し伝えました。再び合図が出ましたが、今度も女性たちは笑うだけで従いません。

　そこで孫武は「命令が行き渡っていてもそれが実行されないのは隊長の罪である」として二人を斬ろうとします。王の制止に対し、孫武は「私は今や、王から任命された将軍です。将軍が軍中にあるときは、たとえ王の命であれ、従うことができないこともあります」と言い、結局斬り殺してしまいました。孫武の苛烈なほどの徹底ぶりが感じられます。

第五章

目的を見据え、行動する

環境の性質に合わせて行動を起こす

疾戦せざれば則ち亡ぶる者は、死地為り
不疾戰則亡者、爲死地
（九地篇）

孫子は、場所の持つ性質と、その性質に沿っていかに対応すべきかを述べています。

例えば、敵領に入ってすぐの地では、自軍の兵士が浮き足立っているので逡巡せずに先に進むこと、敵味方限らず通りやすい場所では、自軍が寸断されないように軍列を引き締めること、付近に複数の都市国家が連なる場所では、その首長たちと外交を結ぶこと、また、決死の覚悟で戦わ

なければ死を迎えるしかない場所では、逃げずに奮戦すべきこと、などを挙げています。
つまり、いま自分の置かれている環境に合わせて行動することが重要なのです。例えば仕事においては、周囲が忙しい雰囲気の中では緊急性の低い提案は控える、また、プライベートな集まりでは自己紹介で名刺を出さないなど、状況に応じた最適な行動を考えてみましょう。

相手の急所を突く

先ずその愛する所を奪わば、則ち聴かん

先奪其所愛、則聴矣（九地篇）

「大軍が態勢を整えて、まさにこちらに来ようとしているときは、どうしたらよいか」という問いに、孫子は「先手を打ち、敵が最も大事にしているものを奪ってしまえば、こちらの意のままになる」と答えています。

いかに手強い敵であっても、重要なところを突かれてしまうと慌てて動かざるを得ません。すると大きな隙が生じるため、その隙を利用してこちらの狙いどおりに戦況を運ぶことができるのです。

人生においても、時に劣勢で臨まなければならない戦いがあります。そんなときは、思い切って相手の急所を突くことも作戦の一つです。

窮地にあって最大限の力を発揮する

これを往く所なきに投ずれば、死すとも且た北げず

投之無所往、死且不北（九地篇）

「死地」とは、追い詰められ生死の分かれ目となる極めて困難な戦地のことですが、孫子は、あえてその場所に兵士を投ずるべきであると述べています。残酷に思えますが、これも一つの戦略なのです。死を痛烈に意識させられた兵士は、生き残るべく普段にない凄まじい力を発揮します。もはや逃げることは考えず、上官が命令するまでもなく周囲の兵士と力を合わせて戦う

ようになるのです。
そして、そのような状況下においては、孫子は戦いの行方を知る占いを禁じています。兵士の気持ちが揺らいでしまえば、致命的となってしまうからです。窮地に追い込まれたとき、死力を尽くして乗り越えることで自らの力は劇的に向上し、大きな飛躍を遂げられます。それは戦いのみならず、日々の生活においても同じことです。

相手を思う

令の発するの日、士卒の坐する者は、涕襟を霑し、偃臥する者は、涕頤に交わる

令發之日、士卒坐者、涕霑襟、偃臥者、涕交頤（九地篇）

「いざ突撃の命令が下された日、座っている兵士の襟はその涙に濡れ、横たわっている兵士の流す涙は顎まで伝わり落ちる」。孫子は、死地へ向かう兵士の様子をこのように述べています。決して兵士の命を軽んじているわけではなく、一生懸命に生き残って勝利を得るためには、これが最良であると信じて決断しているのです。

相手のことを思えばこそ、非情に思えることもあえて行う。そうした決断は、例えば親が子を、上司が部下を、育てるときの厳しさにもつながります。冷酷に感じられることでも、その裏には深い配慮があるのです。

共通の目的を探し、手を結ぶ

夫れ呉人と越人との相い悪めども、其の舟を同じくして済るに当たりて風に遇わば、其の相い救うや、左右の手の如し

夫呉人與越人相惡也、當其同舟而濟遇風、其相救也、如左右手（九地篇）

仲の悪い呉国の人と越国の人が一つの小舟に乗っていて、強風に吹かれたとき、彼らはまるで左右の手のように互いに助け合ったという話を、孫子は紹介しています。故事成語として知られるこの「呉越同舟」は、仲の悪い者同士が一緒にいる意味でよく使われますが、本来は、強い目的を共有すれば敵対者同士でも協力し合えるという意味です。

あなたの身近に、苦手な人がいたら、共通の目的を探してみましょう。目指すところが同じとわかれば、手を結ぶことができるかもしれません。

未知の分野では、その道をよく知る存在を頼る

郷導（きょうどう）を用いざる者は、地の利を得ること能（あた）わず

不用郷導者、不能得地利

（九地篇）

敵地に入っても、地形を知らなければ、軍をうまく進めることはできません。ひとくちに地形を知ると言っても、詳細な地図などないに等しい時代ですから、大変難しいことだったでしょう。斥候（せっこう）を出して調べたとしても限度があります。勝利を確実にするには、土地をよくわかっている地元の住民の協力を得ることが重要だったのです。

人生では、これまで全く関

係なかったことが、突然我が身に迫ってくることがあります。例えば、病気や介護など、自分を含めた身近な人に関わる問題は、事情に即してその対応や方策もさまざまであり、内容も複雑です。思い悩むときは自分だけで何とかしようとするのではなく、その事柄に関して造詣の深い人物を頼りましょう。きっと、有用な策を示してくれるはずです。

時には例外を設ける

無法の賞を施し、無政の令を懸くれば、三軍の衆を犯うること、一人を使うが若し
施無法之賞、懸無政之令、犯三軍之衆、若使一人（九地篇）

孫子は、通常の軍規から外れた褒賞を与える、あるいは命令を下すことで、多くの兵士たちをあたかも「一人」であるかのようにまとめて動かすことができると説いています。例外を設けて臨機応変に対応することで、相手の心をうまく掴むことができるのです。

これは、態勢をまとめる上でとても有効な手段です。ただし、それを使い過ぎてはかえって混乱を招き、信頼が揺らぐ原因にもなりますので、注意しなくてはなりません。

力の出し方に緩急をつける

始めは処女の如くにして、敵人戸を開き、
後は脱兎の如くにして、敵拒ぐに及ばず

始如處女、敵人開戸、後如脱兎、敵不及拒（九地篇）

戦いにおいて、始めから勢い盛んな様子を相手に見せていたのでは、当然警戒され、相手の気を引き締めてしまいます。まずは、戦いに対して遠慮がちで精彩に欠いているかのように振る舞うことで相手を油断させ、そこから一気に士気を高めて、俊敏で苛烈な動きをするべきである、と孫子は述べています。

常に最良の状態を維持し続けることは、不可能です。自分が持っている力は、ここぞという瞬間に発揮しましょう。

情報を得ることに労を惜しまない

爵禄（しゃくろく）・百金を愛（お）しみ、敵の情を知らざる者は、不仁の至りなり

愛爵祿・百金、不知敵之情者、不仁之至也（用間篇）

孫子は、戦いの重要な要素として「用間」、つまり間者の使い方について言及しています。間者に褒賞を出し惜しみ、敵の情報を得ない者は、民のことを思いやっておらず、君主を支える存在とは言えません。情報は、長きに渡る戦争の勝敗をいちどきに決めてしまうほどの重大な要素である、と孫子は強く感じていたのです。

良い結果を出すために情報が必要不可欠であることは、昔も今も変わりません。場合によっては全体を揺るがすこともあり得るものですから、それを得る努力を惜しんではならないのです。

信頼できる場所から情報を得る

必ず人より取りて、
敵の情を知る者なり
必取於人、知敵之情者也
（用間篇）

情報化社会と言われて久しい世の中ですが、加速度的に量を増し複雑に絡み合う情報を選り分け、有益なものを得ることは大変難しくなってきています。

古代中国では、占いで戦況を判断することが多くありました。しかし孫子は、そういったあやふやなものを頼るのではなく、必ず人を介して現実に即した情報を得ることが大事であるとしています。

現代においても、情報を得るときはその情報源が信頼に足るものか、判断することが肝要です。特に、誰もが互いに情報発信できるようになり、これまで得られなかった貴重な情報がある一方で、不確定な情報が増えてきていることも事実です。すべてを鵜呑みにせず、その情報が本当に信じられるものなのか、一度考えてみるといいかもしれません。

難度の高い方法に挑む

火を行なうに因あり、因は必ず素より具う
行火有因、因必素具（火攻篇）

火を使用した攻撃について、孫子は、よく乾燥した風の強い時期を選ぶことや、火を起こしたあとの仲間の連携など、作戦が十分になされるための条件や準備をよく整えなければならない、と述べています。火攻めは通常の攻撃よりも実行が難しいのですが、成功すれば相手にかなりの損害を与えるため、勝利に大きく近づくことができます。

難しい手段を遂行できれば、それだけ有利な方向へと進むことができます。日々において、私たちは難度の高い方法を敬遠してしまいがちですが、自分のさらなる成長のためにも、時には思い切って挑んでみましょう。

不測の事態でこそ冷静さを保つ

其の火力を極めて、従うべくんばこれに従い、従うべからずんば止む
極其火力、可従而従之、不可従而止（火攻篇）

火攻めにおいて孫子は、火をつけたあとの状況に応じて、その後の攻撃の仕方も変えるべきである、と述べています。敵の陣営に火がつき、勢いよく燃え上がるのを確認したら、即座に呼応して外側からも攻撃すべきであるとし、また、火をつけても敵兵が騒いでいない場合は、すぐに攻めずにしばらく様子を見た上で、攻撃すべきか否かを判断せよ、としています。

不測のトラブルが起こったときは、下手に騒ぎ立てたり慌てて軽率な行動に出たりすると、事態がさらに悪化する恐れがあります。状況を分析し落ち着いて対処することで、被害を少なくできるのです。

より良い方法を常に考え続ける

火を以て攻を佐くる者は明なり
以火佐攻者明（火攻篇）

孫子は、火を用いた攻撃は敵軍が持つ資源を燃やして減らすことができるとして、水を用いた手段よりも一段上の攻撃であるとしています。水攻めは、一見すると大きな効果を得られそうですが、消費が大きく効率の悪い手段です。消費を抑えつつ、それでいて効果的な手段を考え、選択すること。突き詰めれば、水や火よりもさらに効果的な方法がないかと探ることが重

要なのです。

日常においても、私たちは「前回はうまく行ったから、今回もこのやり方でいいだろう」と思ってしまいがちです。しかし、深く考えずに決まったやり方をくり返していたのでは、それ以上状況が良くなることはありません。「より良い方法はないだろうか」と、常に新たな可能性を追求し続けることが、大きな成果につながるのです。

自他の「利」を大切にする

利に合えば而ち動き、利に合わざれば而ち止まる
合於利而動、不合於利而止
（火攻篇）

「利」があればそれを得るために行動し、「利」がなければ行動をしないというのが、孫子の述べる戦いの原則です。「利」という言葉には「利益、儲け」という意味のほかに、「良い、役に立つ」という意味もあります。国においては、利益があるかどうかで戦争の可否が決まりますし、戦いにおいては、有利か不利かで攻守の如何を決めます。
つまり、自分にとってプラス

になる要素があるかないかで、行動を決めるべきであるということです。

ただし、その行動は独りよがりであってはなりません。自らの「利」を大切にすることは大切ですが、他者の「利」にも心を留め、双方のバランスを保たなければ、衝突は避けられません。互いに「利」を尊重し合うことから、無益な戦いはおのずと減っていくのです。

感情に呑み込まれない

亡国は復た存すべからず、死者は復た生くべからず
亡國不可以復存、死者不可以復生（火攻篇）

君主や将軍は、怒りにまかせて戦いを始めてはならない、と孫子は最後に強く戒めています。怒りという感情はいつか変化するものであるが、滅びてしまった国は元に戻らないし、死んでしまった人は生き返らない、という言葉からは、国全体の命運を担う者としての重みが感じられます。

一時の感情にまかせた言動は、時に取り返しのつかない状況を引き起こします。それにより、自分だけでなく周りの人たちをも傷つけてしまうかもしれません。怒りや憤りといった負の感情に呑み込まれないよう、常に自分をしっかりと保たなければならないのです。

［監修］渡邉義浩（わたなべ よしひろ）

早稲田大学文学学術院教授。1962 年生まれ。筑波大学大学院博士課程歴史・人類学研究科史学専攻修了。専門分野は中国古代思想史。文学博士。三国志学会事務局長も務める。『中国古代史入門』（洋泉社）、『三国志事典』（大修館書店）、『陳寿三国志（100 分 de 名著）』（NHK 出版）など古代中国史に関連する書籍多数。ほかにも映画「レッド・クリフ」の日本語字幕・吹替監修を担当。

［画］臼井 治（うすい おさむ）

日本画家、日本美術院 特待。愛知県立芸術大学大学院美術研修科修了。師は片岡球子。愛知県立芸術大学日本画非常勤講師、同大学法隆寺金色堂壁画模写事業参加を経て、現在は朝日カルチャーセンターなどで日本画の講師を務める。また、国内のみならずリトアニア、台湾など海外での個展も開催。近年は、板東彦三郎丈の「阪東楽善」襲名披露引出物扇子原画制作など多岐にわたり活躍中。

［参考文献］『新訂 孫子』（岩波書店）、『孫子』（講談社）など

監修　　　　　渡邉義浩
画　　　　　　臼井 治
装丁　　　　　宮下ヨシヲ（サイフォン グラフィカ）
本文デザイン　渡辺靖子（リベラル社）
編集　　　　　高清水純（リベラル社）
編集人　　　　伊藤光恵（リベラル社）
営業　　　　　澤順二（リベラル社）

編集部　堀友香・上島俊秀・山田吉之
営業部　津村卓・津田滋春・廣田修・青木ちはる・榎正樹・大野勝司

くり返し読みたい 孫子

2018年5月28日　初版

発行者　隅田直樹
発行所　株式会社 リベラル社
〒460-0008 名古屋市中区栄3-7-9 新鏡栄ビル8F
TEL 052-261-9101　FAX 052-261-9134　http://liberalsya.com

発　売　株式会社 星雲社
〒112-0005 東京都文京区水道1-3-30
TEL 03-3868-3275

印刷・製本　株式会社 チューエツ